I 10 MISTERI DELLE TABELLINE

Art director: Fernando Ambrosi
Graphic designer: Silvia Bovo
In copertina: illustrazione di Erica Fichera

www.ragazzimondadori.it

Prima edizione giugno 2021
Quarta ristampa luglio 2024
Stampato presso ELCOGRAF S.p.A.
Stabilimento di Verona (VR)
Printed in Italy
ISBN 978-88-04-74061-2

LORENZO BAGLIONI

I 10 MISTERI DELLE TABELLINE

Con la collaborazione di Michele Baglioni

Illustrazioni di Erica Fichera

MONDADORI

IL PROFESSOR REBUS PANTOFFOLO

Professore di matematica in pensione da quasi trentasette anni, non si separa mai dalle sue ciabatte di feltro, è un grande esperto di enigmistica ed è... un po' sordo. Oppure no?

MARTINO

Sembra incredibile anche ai suoi compagni di classe, ma a lui la matematica piace! Non ditelo in giro, ma la tabellina del 7 è la sua preferita!

SVEVA

Cintura gialla di karate, odia la matematica e in particolare le tabelline. Ma ha coraggio da vendere.

GALATEO

Il cane della principessa Iolanda d'Olanda è altamente istruito: parla il canese e altre settantuno lingue, incluso il geroglifico.

IL GENERALE

Il suo petto è stracolmo di onorificenze. Ma esiste una medaglia che non abbia ancora vinto? Forse sì.

SOMMARIO

IL C.I.R.C.O.

Il C.I.R.C.O. si era ufficialmente riunito alle ore 10.34 nella sede segreta di… be’, se è segreta, è segreta!

«Sapete che il C.I.R.C.O. si riunisce solo in situazioni estremamente gravi…» disse il generale, un omone con lunghi baffi a manubrio e il petto stracolmo di onorificenze di ogni tipo: medaglia al valore ottenuta durante la Seconda guerra del Golf, medaglia per atto eroico durante il Conflitto misto, medaglia al merito per la Presa della Pastiglia, medaglia d’argento nel lancio del peso ai Giochi della Gioventù Passata del 1965.

Con piglio deciso l’ambasciatore russo prese la parola: «Generale, sappiamo cos’è il C.I.R.C.O. Venga al punto!».

(Ah, per chi non lo sapesse, invece, il C.I.R.C.O. è il Comitato Internazionale Risoluzione Catastrofi Occasionali, e ne fanno parte i grandi capi del mondo: presidenti, re e regine, imperatori, principi e principesse, generali e così via. L'ultima volta che si è riunito è stato per nascondere un disco volante caduto nel... nel... Scusate, ma non sono autorizzato a dirvi di più. Top secret.)

«Siamo alle prese con un supercattivo. Un super supercattivo che, come avete visto, si firma Secteper Octopus...» E così dicendo il generale sventolò una lettera davanti ai presenti.

Nella stanza cominciò a diffondersi un brusio di preoccupazione.

«Silenzio!» tuonò il generale, accarezzando nervosamente la medaglia per il miglior Tiramisù Senza Caffè. «Una speranza, per quanto flebile, c'è... Ma ci serve una squadra di eroi, che avranno il compito di salvare il mondo.»

«E come li scegliamo?!» chiese un re con la corona d'oro zecchino.

«Ho inserito tutti i dati nel C.L.O.W.N. (Computer Lavorante Ottimamente: Wow, Notevole!), il supercomputer del C.I.R.C.O., e ho già ottenuto il risultato.»

Sull'enorme schermo posizionato al centro della sala apparve la lista delle persone selezionate dal C.L.O.W.N.

Il generale lesse a voce alta: «Du Percent, professore di matematica; è lui che ha scoperto il potere digestivo delle radici cubiche lessate in acqua bollente.

«Regina White, campionessa di scacchi; è in grado di giocare 102 partite contemporaneamente e di vincerle tutte tranne due a sua scelta.

«Hatterrow Lee, pilota acrobatico; sa volare con qualunque velivolo: aereo, elicottero, dirigibile, deltaplano, catapulta e fionda.

«Apollo Trentanovi, astronauta; è stato il primo ad andare sulla Luna lunedì, su Marte martedì, su Mercurio mercoledì, su Giove… e insomma, ci siamo capiti.

«Se nessuno ha niente da obiettare, direi che possiamo affidare ufficialmente l'incarico a loro e…»

Il generale fu interrotto da un cane che si mise ad abbaiare in fondo alla sala.

«Che c'è, Galateo?» chiese la principessa Iolanda d'Olanda al suo cane.

«Wof wof! Wooof wof wof!» rispose lui.

«Sta dicendo: "In realtà io avrei una perplessità..."» si mise a tradurre la principessa. «"Non possiamo fidarci della tecnologia in questo momento... I computer sono programmati per fare calcoli super precisi, certo, ma con *quello che è successo*... il C.L.O.W.N. potrebbe avere fornito un risultato sbagliato. Io non credo che dovremmo prenderlo in considerazione..."»

«Baggianate! Il C.L.O.W.N. non sbaglia mai!» tuonò di nuovo il generale, sistemandosi la medaglia per la Miglior Collezione di Francobolli. «E comunque... che cosa suggerisce di fare, il cane?»

«Be', dice che dovremmo calcolare le probabilità... a mano» rispose la principessa, con un sorriso imbarazzato.

«E chi lo fa? Lui?» domandò il generale, con un sorrisetto sarcastico.

«In realtà, lo ha già fatto...» E così dicendo, la principessa fece scivolare sulla vernice lucida del tavolo un foglietto scarabocchiato dal suo cane.

Il generale lo raccolse, lo lesse e poi disse: «È forse uno scherzo?».

LE TABELLINE SONO SCOMPARSE!

«Allora, Martino… vai alla lavagna e scrivi la tabellina del 7. Intanto ripetila ad alta voce!»

«$7 \times 1 = 7$, $7 \times 2 = 14$, $7 \times 3 = 21$, $7 \times 4 = 34$ e un quarto…»

Martino si fermò, confuso. Si voltò verso i suoi compagni di classe, che lo osservavano a bocca aperta. Martino era bravissimo in matematica. Anzi, probabilmente era il più bravo della terza B. Ma forse era il più bravo anche di quelli della terza A. Anzi, diciamocelo chiaramente: Martino era il più bravo di tutta la scuola in matematica. E il motivo era molto semplice: a lui quella materia… PIACEVA!!! Sì, è veramente strano. Si divertiva un sacco a fare le sottrazioni in colonna a mente, amava calcolare le equivalenze con le unità di misura e, ovviamente, sapeva a menadito tutte le tabelline. Tutte! Anche le più difficili come quella del 7. Ed era proprio per questo che, adesso che si era fermato a metà della tabellina, al 34 e un quarto, i suoi compagni di classe lo osservavano esterrefatti – ah, per inciso, nella tabellina del 7, il 34 e un quarto non c'è proprio!

Anche la maestra lo squadrò, abbassando gli occhiali sul naso. «Martino, tutto bene?»

«Ho co-come un vuoto di memoria...» balbettò lui che tentava invano di ricordarsela. La tabellina del 7 era la sua preferita... così spigolosa e originale! Da perderci la testa!

«Può capitare a tutti di avere un momento di confusione. Dai, riproviamo insieme, caro!» disse mielosa la maestra e poi proseguì: «Dicevamo: la tabellina del 7. Allora, ecco. Sette... e poi... quindic... No, tredic... No. Aspetta... Che strano. La tabellina del 7. Su, insomma! Che ci vuole?! Sei. Poi... no, no... sette... Oh, cielo...!».

L'intera classe squadrò a bocca aperta la maestra che tentava invano di ricordare la tabellina del 7, mentre un rivolo di sudore cominciava a scenderle lungo la fronte.

Che cosa stava succedendo? Com'era possibile che neanche la maestra ricordasse più le tabelline?

In quel momento la porta dell'aula si spalancò con un colpo secco ed entrarono due uomini vestiti di nero. La maestra lanciò un urlo, i bambini seduti ai banchi rimasero impietriti e Martino, che era ancora alla lavagna, lasciò cadere il gessetto per terra.

Uno dei due uomini si rivolse proprio a lui: «Martino, seguici. Siamo del C.I.R.C.O.». Ed estrasse per un istante un tesserino con distintivo dall'interno della giacca. Fu un gesto talmente rapido che avrebbe potuto esserci scritto anche "Lavanderia Gino Bianchi", che è la lavanderia del nonno di Mattia Bianchi, il quale fissava la scena a bocca aperta seduto al primo banco.

Comunque, Martino rimase talmente interdetto che, senza rifletterci, seguì i due uomini fuori dall'aula.

A quel punto la maestra si riprese e provò a protestare: «Come osate interrompere la lezione! Stavamo studiando nientemeno che le TABELLINE!» disse, mentre si alzava per seguire i tre oltre la porta.

«Ma chi erano quelli?» chiese Giulio, perplesso.

«Credo fossero domatori di elefanti. Hanno detto che venivano dal circo...» rispose Anna, che aveva sempre la risposta pronta.

Intanto Martino seguiva a passo svelto i due uomini, che lo condussero verso un'automobile con i vetri oscurati. Non aveva idea di che cosa stesse succedendo, ma aveva la netta sensazione che questa serie di stranezze fosse cominciata nel momento in cui non era riuscito a ricordare la tabellina del 7.

Durante il viaggio provò invano a ripetere a mente anche le altre tabelline, ma... NULLA: non ne ricordava neanche mezza! Neppure quella dell'1!!!

A un certo punto la vettura entrò in un garage e Martino seguì i due uomini fin dentro a un ascensore, che li portò giù, giù, giù, sottoterra, all'interno di un'enorme sala illuminata dalla luce di monitor e pulsanti colorati. Al centro c'era un grande tavolo in legno lucido, attorno al quale sedevano persone che Martino non aveva mai visto.

Un uomo con lunghi baffi a manubrio e il petto stracolmo di medaglie lo accolse stringendogli la mano con aria poco convinta: «Bene. Quindi tu sei l'ultimo. La squadra del C.I.R.C.O. adesso è al completo».

«Qua-quale squadra? E co-cosa c'entra il circo?» chiese Martino, sempre più confuso.

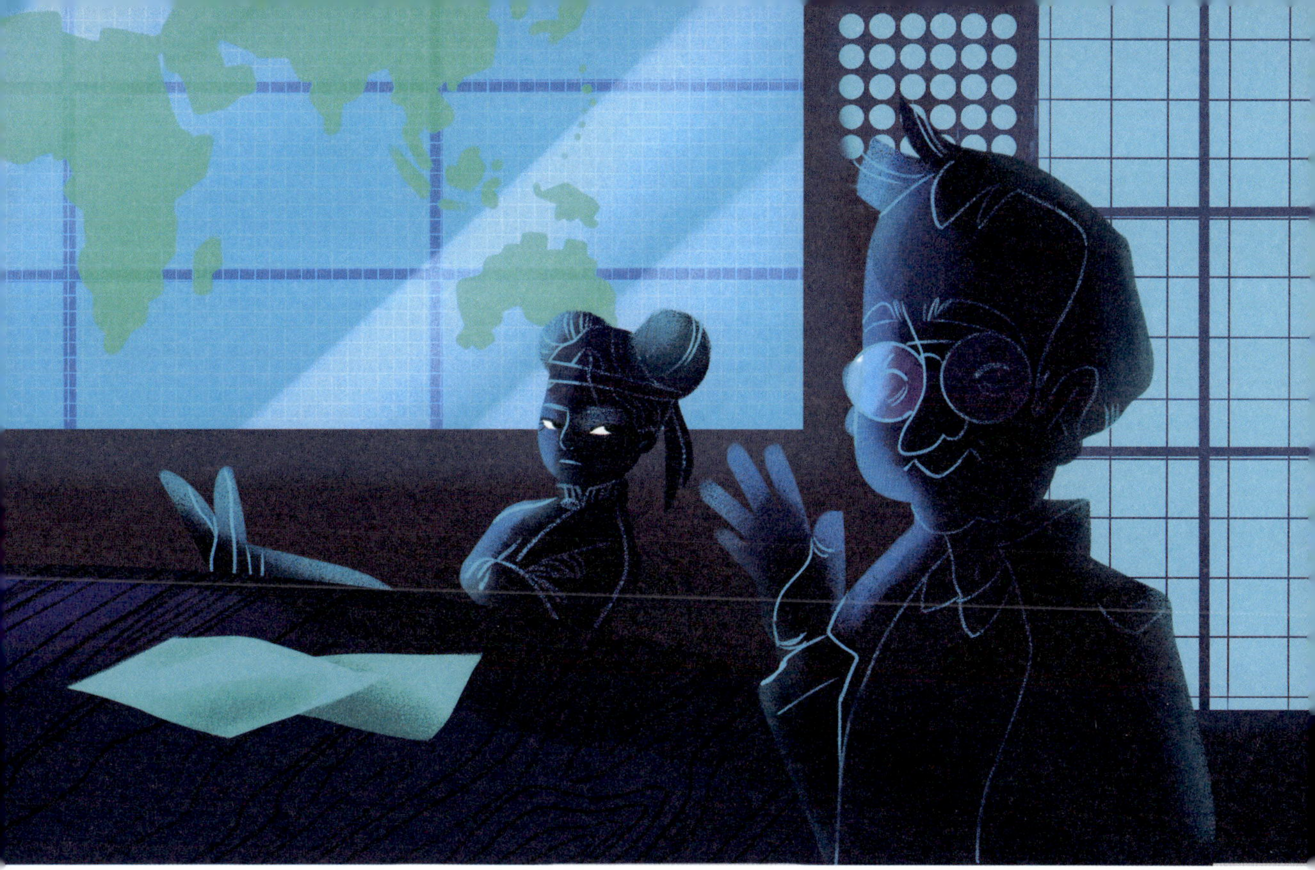

«C.I.R.C.O. sta per Comitato Internazionale Risolvi Cose… ehm… Casi…» si lanciò nella risposta l'imperatrice del Giappone.

«Comitato Internazionale Risoluzione Catastrofi Occasionali» intervenne il barone von Trippenstein. «E la squadra… be', dovrà occuparsi di questa enorme emergenza mondiale.»

«Quale enorme emergenza mondiale?» domandò Martino con un filo di voce.

Il generale lo guardò aggrottando le sopracciglia, mentre lucidava la medaglia d'oro vinta al concorso canoro Giovani Usignoli, e rispose con grande serietà: «Le tabelline, caro Martino. Le tabelline sono scomparse».

LA SQUADRA

«Quindi, giusto per vedere se ho capito bene bene bene. Un supercattivo di nome Secteper Octopus ha mandato una lettera ai capi del mondo per dire che ha rubato le tabelline e che abbiamo dieci giorni prima di farle scomparire per sempre, mandando a monte l'intera matematica; e visto che i computer non funzionano senza tabelline, invece di una squadra di eroi hanno scelto… due bambini e un signore in ciabatte?!» ricapitolò dubbioso Martino.

«Esatto. Noi» gli rispose Sveva.

«Scusa, come hai detto che ti chiami?»

«Sveva. È la terza volta che te lo ripeto» rispose seccata la ragazzina dai capelli nerissimi, mentre si allacciava le scarpe. «E, per la terza volta, sì, sembra strano anche a me, e non ho la minima idea del perché abbiano scelto noi. Fra l'altro, io le tabelline le odio. Come odio tutta quanta la matematica. A quest'ora avrei dovuto essere in palestra ad allenarmi… Sai, sono cintura gialla di karate, io…» Nel dire questo gli occhi le brillarono, e Martino pensò che erano marroni proprio come il mare vicino a Marina di Bibbona.

«C-certo… Anch'io odio la matematica. Puah! A chi piacciono le tabelline?!» si affrettò ad aggiungere Martino, sperando così di risultare simpatico a Sveva.

Comunque, la squadra era proprio questa: Martino, Sveva e il professor Rebus Pantoffolo. Anzi, ex professore, visto che era in pensione da quasi trentasette anni. Insomma, non sembrava una squadra fortissima, ma d'altra parte senza le tabelline nessuno sapeva fare di meglio… Quindi non restava che fidarsi e incrociare le dita.

«Di chi è stata l'idea di spostarci in mongolfiera?!» esclamò Martino quando salirono sul tetto del C.I.R.C.O. per partire per la missione. Davanti a loro si stagliava un enorme pallone aerostatico.

«Modestamente, è stata mia. Le tabelline scomparse potrebbero essere nascoste in ogni angolo del pianeta e, non potendo usare aerei, razzi, astronavi e nessun altro velivolo dotato di apparecchiature elettroniche o computer, ho pensato… alla mongolfiera!» esclamò tronfio il generale.

«Bell'idea del cavolo» sussurrò Sveva, roteando gli occhi.

«Signorina, modera il linguaggio» la fulminò il generale. «Questa non è una comune mongolfiera. Questa è la *Viacolvento 3000*, rifornita di una miscela di azogeno, ossidrolo e plutosforo, dei gas ultraleggeri che la rendono velocissima, agilissima e comodissima. La primissima nel suo genere!»

«Sarà» rispose Sveva. «A me sembra un catorcio.»

Il generale consegnò loro la lettera che avevano ricevuto da Secteper Octopus. Era contenuta in una busta con i bordi bianchi e rossi, che le dava un aspetto stranamente natalizio.

Martino la aprì e lesse ad alta voce:

Ahr, ahr, ahr!!!
Cari boss del mondo,
il mio nome è Secteper
Octopus, sono un super
supercattivo e ho rubato
le tabelline!
Ahr, ahr, ahr!!!
Le ho nascoste nei luoghi
più segreti e irraggiungibili
del pianeta!
Fra dieci giorni esatti

le tabelline verranno distrutte per sempre e il mondo finalmente sarà un posto migliore.
Adesso voglio divertirmi a vedervi faticare per cercare di fermarmi! Muahahahah!!!
E per questo voglio darvi un piccolo aiuto:
nel mondo sono due, ma quello giusto è solo uno,
dove il mare è congelato e pure l'orso non è bruno.
Per sei mesi c'è la notte e non viene mai mattina.
E nascosta là al sicuro c'è la prima tabellina.
Ma quanto sono intelligente e diabolico, eh?!

Secteper Octopus

«Supercattivo... Pfff! A me uno che vuol far sparire le tabelline sta quasi simpatico!» commentò Sveva.

E così, i tre erano pronti a partire per la loro missione. Salirono a bordo della *Viacolvento 3000.*

Martino provava un insieme di emozioni contrastanti, ma, in quel momento, riusciva a pensare quasi soltanto agli occhi di Sveva, del colore del mare di Marina di Bibbona.

Sveva, invece, che era una tipa tosta, era pronta all'azione e ad affrontare i pericoli che avrebbero incontrato. Ma delle tabelline non le importava un fico secco: non solo le aveva sempre trovate inutili, ma non era mai riuscita a imparare bene quella del 3, del 6, del 7, dell'8 e del 9. E anche quella del 2, del 4 e del 5 le davano qualche problema. Con quelle dell'1 e del 10, invece, se la cavava.

Il professor Rebus Pantoffolo era molto anziano, un po' sordo e taciturno. Nessuno sapeva quanto avesse realmente capito della missione che stavano per affrontare. Quando il giorno precedente erano andati a prelevarlo a casa, stava per cimentarsi con il suo cruciverba giornaliero, sorseggiando l'abituale tisana al cardamomo che si preparava tutti i giorni alle 17.30 da cinquantotto anni. Prima aveva capito che erano scomparse le ballerine. Poi che le comparse erano molto belline. Le tabelline le aveva insegnate per quarantadue anni, a tremilatrecentosettantasei bambini – li aveva contati tutti! –, e per anni erano state la sua vita.

IL MISTERO DELLA TABELLINA DELL'1

«Scusate, ma dove dovremmo andare di preciso?» chiese Sveva a un certo punto.

«Ok, va bene, ragioniamo» disse Martino rileggendo l'indizio. «È chiaramente un indovinello. E ci sta dicendo dov'è nascosta la tabellina dell'1.»

«Se avesse voluto davvero dircelo, avrebbe scritto: la tabellina dell'1 è nascosta in via Roma 14» ribatté seccata Sveva.

«Polo Nord» disse con voce pacata il professore.

«Che cosa?» chiesero Sveva e Martino all'unisono.

«La soluzione all'indovinello è: Polo Nord. Facile. Da quando sono in pensione risolvo continuamente enigmi come questo sul "Giornaletto di Enigmistica". E anche rebus, cruciverba, anagrammi e...»

«Ma certo!» lo interruppe Martino. «Sono due perché c'è il Polo Nord e il Polo Sud... ma al Polo Sud gli orsi non ci sono. E qui non sono bruni, ma… bianchi! Professore lei è un genio!»

«E allora, presto: ROTTA VERSO IL POLO NORD!» esclamò Martino.

I tre erano atterrati su una distesa di ghiaccio e stavano camminando verso il punto esatto in cui si trovava il Polo Nord.

A bordo della mongolfiera avevano a disposizione ogni tipo di attrezzatura. C'erano mappe, abbigliamento per tutti i climi, provviste, corde, zaini, ombrelli, crema solare, zanzariere, canne da pesca, scarpe, scarponi, mascarponi e Nutella. E adesso stavano cercando di seguire la mappa, che però non era chiarissima: un foglio bianco con un puntino nel centro con scritto POLO NORD. Fine. In breve i quattro capirono di essersi persi.

A un certo punto, nella fitta nebbiolina di ghiaccio e nevischio apparve una sagoma. Un orso?

Tutti si fermarono istintivamente.

Sveva si mise nella posizione della mantide religiosa, che le avevano insegnato l'anno prima a karate.

La sagoma si faceva sempre più vicina, ma sembrava più piccola di un orso… Forse era una volpe artica….

I tre furono molto sollevati quando, a pochi metri da loro, distinsero chiaramente quello che sembrava un bambino sorridente, avvolto in un cappotto di pelliccia.

«Buongiorno, io mi chiamo Regalectus» si presentò il piccoletto.

«Oh, buongiorno a te... Noi stiamo cercando il Polo Nord, puoi aiutarci?» chiese Martino, perplesso.

«Ma certo, seguitemi!»

Il piccolo li guidò fino a una casetta ricoperta da ghiaccio e neve. «È casa tua?» gli domandò Martino.

«No, è la casa del mio capo. Io qui ci lavoro.»

«E per chi lavoreresti?» chiese Sveva, che iniziava ad averne abbastanza di stranezze.

«Babbo Natale. E, per inciso, io non sono un bambino. Sono un folletto di Babbo Natale.»

«E... Babbo Natale è in casa? Possiamo conoscerlo?» chiese Sveva, improvvisamente emozionata.

«No... Non lo vedo da due giorni!» Regalectus sembrava preoccupato.

«Magari sarà andato a fare una vacanza, no? E comunque, noi qui avremmo una questioncina urgente da sbrigare... Cerchiamo di rimanere concentrati, per favore» disse Martino. Poi si rivolse nuovamente al folletto: «Allora, ci sai indicare esattamente il Polo Nord?».

«È laggiù. Seguitemi.»

Dopo alcuni minuti si ritrovarono vicini a un palo a strisce bianche e rosse, sulla cui cima si trovava un cartello con scritto POLO NORD.

Martino disse: «Dove sarà la tabellina?».

«L'unico modo per nascondere qualcosa qui, è metterlo sotto la neve!» rispose il folletto.

«Ma certo! Sotto il ghiaccio!»

Martino e Sveva si guardarono eccitati! Ma il loro entusiasmo svanì rapidamente quando capirono che non era facile forare quel durissimo ghiaccio. In quel momento si udì il DRIIIIN di una sveglia.

«Oh, sono già le 17.30!» esclamò il professore pacatamente. «Gradite una tazza di tisana al cardamomo, cari?» e, così dicendo, estrasse un thermos contenente una bevanda fumante. «La tisana al cardamomo va bevuta a 98 °C» precisò. «Solo così tonifica il corpo… e lo spirito.»

Sveva e Martino si scambiarono uno sguardo di intesa. Lasciarono che il professore si servisse una tazza di bevanda e versarono il resto sul ghiaccio ai loro piedi. Ci fu una fumata di vapore, ma riuscirono ad aprire un foro cilindrico sufficientemente largo da infilarci un braccio e recuperare… una boccetta sigillata con un tappo di sughero. Al suo interno c'era il **NUMERO 1** verdastro e dalla consistenza fluida.

Martino tolse il tappo con cautela e il numero svanì in una nuvola di fumo color pistacchio. I quattro rimasero a bocca aperta.

Martino guardò Sveva: «Chiedimi la **TABELLINA DELL'1**, presto!».

«Sapresti dirmi la tabellina dell'1?»

«1 × 1 = 1
1 × 2 = 2
1 × 3 = 3
1 × 4 = 4
1 × 5 = 5
1 × 6 = 6
1 × 7 = 7
1 × 8 = 8
1 × 9 = 9
1 × 10 = 10!» recitò Martino senza esitazioni. «Sìììììììì!!!» Martino si lanciò verso Sveva e l'abbracciò istintivamente. «Ce l'abbiamo fatta!»

«Ne abbiamo recuperata una... su dieci» precisò Sveva smorzando l'entusiasmo.

«Sapete» iniziò a spiegare Pantoffolo, «la tabellina dell'1 è la più semplice di tutte; per ricordarla basta contare da 1 a 10 e tenere a mente che ciascun numero moltiplicato per 1 fa sempre il numero stesso! Quindi 1 × 5 fa 5, 1 × 7 fa 7 e così via... Facile, no?» E continuò rivolgendosi a Regalectus: «Per esempio, se devi preparare dei pacchetti per sette bambini che hanno chiesto un trenino ciascuno, ti basterà tenere a mente che 1 (trenino) × 7 (bambini) = 7 (trenini da impacchettare)».

Il folletto si illuminò in viso: «Ehi! Ma è geniale!».

«A ogni modo» proseguì il professore, «nonostante le mie ciabatte di feltro, fa un po' freschino qui. Che ne dite se torniamo alla mongolfiera?»

Martino aveva ancora in mano la boccetta; la ruotò e notò che all'interno c'era un bigliettino ripiegato. Lo aprì e lesse ad alta voce:

RESTA IN MAZZO A FOCA → ALBERTO O AL PIÙ → DELTA 2 BELLINA.

«Ma non ha alcun senso!» esclamò Sveva.

«Oh, sì che ce l'ha, invece» disse tranquillamente Pantoffolo, che, nonostante fosse molto sordo, in alcune occasioni sembrava sentirci benissimo. «È un anagramma.»

«Un anache?!»

«Un anagramma. Una specie di indovinello che si risolve mescolando le lettere delle parole, fino a ottenere il significato corretto. È uno dei miei giuochi preferiti sul "Giornaletto di Enigmistica"!»

«E come si risolve?» chiese Sveva.

«Basta spostare la F qui. Poi muovere questa T. Poi il 2 va qua... ed ecco che si ottiene: "foresta amazzonica → albero più alto → tabellina del 2"» rispose il professore.

«Prof., lei è mitico! Squadra, in marcia! Abbiamo altre nove tabelline da recuperare!» esclamò Martino.

Regalectus li guardò allontanarsi sulla distesa di ghiaccio mentre li salutava con la mano.

IL MISTERO DELLA TABELLINA DEL 2

Sorvolarono l'enorme foresta amazzonica in lungo e in largo e a un certo punto videro in lontananza un albero che si ergeva di almeno 15 metri sopra la sommità delle chiome vicine.

«Eccolo!» esclamò Martino, e diresse la *Viacolvento 3000* verso l'altissimo albero.

Lasciarono la mongolfiera parcheggiata a mezz'aria e si calarono fino al suolo.

«Be', stavolta è stato facile...» commentò Sveva con l'aria quasi annoiata, indicando una cavità nel tronco dell'enorme albero.

«Già, fin troppo...» rispose Martino, avvicinandosi con cautela.

«Sapete, nella foresta le cavità degli alberi sono spesso utilizzate dagli animali selvatici come tane...» spiegò il professore.

«Qua-quali animali?» balbettò Martino, voltandosi e fermandosi all'istante.

«Oh, be', date le dimensioni di quel buco e viste le impronte qui davanti, azzarderei che si tratti di una *Panthera onca*...»

I ragazzi avevano un'espressione perplessa.

«Un comune giaguaro» chiarì Pantoffolo, scacciando una tarantola che cercava di salirgli su una ciabatta.

In quel momento esatto, il giaguaro uscì dalla tana, scoprendo i lunghi canini affilati, e cominciò ad avanzare molto lentamente.

Sveva fece la mossa del dragone per intimorirlo, ma il giaguaro non si fermò. Allora provò con il calcio rotante del ninja nero, ma il giaguaro affrettò il passo. Infine tentò di spaventarlo con i pugni ombra: il giaguaro ruggì così forte che un pappagallo rosso e blu cadde a terra svenuto per la fifa.

Martino e Sveva si stavano preparando all'attacco del giaguaro, quando qualcuno dall'alto si gettò con un balzo e atterrò proprio fra loro e la bestiona.

Era un ragazzino con i capelli lunghi e coperto solo da una pelle di scoiattolo legata attorno ai fianchi. Senza neanche voltarsi verso i tre compagni d'avventura, si mise a gesticolare rivolto al giaguaro. Il felino si fermò e si mise a sedere con aria interrogativa. In quella posizione sembrava

solo un grosso gattone. Martino pensò che non faceva più così paura. A un certo punto il giaguaro fece uno sbadiglio, si stiracchiò proprio come fanno i gatti e si allontanò trotterellando fino a sparire nel folto della vegetazione.

Martino e Sveva erano esterrefatti.

Il ragazzino si voltò verso di loro con un sorrisone: «Salve, forestieri! Alla fine io sono più forestiero di voi, visto che vivo nella foresta da quando avevo 3 anni. Ah, ah, ah! Buffo, no? Come Mowgli. L'avrete letto *Il libro della giungla*, no?

Io no, ma conosco un tapiro che l'ha letto… Comunque, io mi chiamo Maizzitt, che significa "Colui che parla davvero moltissimo"…».

Martino e Sveva rimasero a bocca aperta. In effetti… ma quanto parlava questo qui?!

«Ciao, io sono Martino. Ma come hai fatto prima… con il giaguaro?»

«Oh, ma Gennaro è un amico, un cucciolone. C'è solo una cosa che lo fa davvero arrabbiare: estranei che tentano di entrargli in casa…»

«Be', in effetti si dà il caso che noi dobbiamo proprio entrare in quel buco nell'albero per recuperare… una cosa» spiegò Martino.

«Che cosa? Ossa? Foglie secche? Cacca secca di giaguaro? Bleah… Bacche secche?»

«Ehm, no. Niente di tutto questo. È una cosa talmente inutile che forse sarebbe più utile la cacca secca di giaguaro» precisò Sveva.

«Sarà anche inutile, ma la dobbiamo prendere comunque!» si affrettò ad aggiungere Martino. «Dovrebbe essere una boccetta di vetro o qualcosa del genere.»

Maizzitt scomparve all'interno del buco nel tronco dell'albero più alto della foresta. Ne riemerse dopo alcuni secondi, durante i quali Martino si era guardato nervosamente intorno nella speranza di non vedere tornare il giaguaro.

Maizzitt teneva in mano una boccetta al cui interno il **NUMERO 2** bluastro si muoveva lentamente.

«Sì, è lei!» esclamò Martino. Aprì la boccetta e il fumo bluastro uscì con un sibilo. Senza indugio Martino recitò:

«$2 \times 1 = 2$

$2 \times 2 = 4$

$2 \times 3 = 6$

$2 \times 4 = 8$

$2 \times 5 = 10$

$2 \times 6 = 12$

$2 \times 7 = 14$

$2 \times 8 = 16$

$2 \times 9 = 18$

$2 \times 10 = 20$!!! Ah-ah!!!»

«Che cos'è, una poesia?!» chiese Maizzitt, che era rimasto a bocca aperta, come rapito.

«Quasi. È la **TABELLINA DEL 2**» intervenne il professor Pantoffolo. «È una tabellina molto semplice, ma molto importante. Per ricordarla, basta dire i numeri pari dal 2 al 20.»

«I numeri pali?» domandò Maizzitt, interessato.

«I numeri **PARI**. Sono quelli che puoi dividere in parti uguali. Devi ricordare che i numeri pari e i numeri dispari si alternano sempre: pari, dispari, pari, dispari, pari, dispari… E nella tabellina del 2 quelli dispari vanno saltati: 2, pari; 3,

dispari (e lo salti); 4, pari; 5, dispari (e lo salti)… E continui così fino a 20.»

«Wow! E a che serve la tabellina del 2?»

«Serve, per esempio, a dirti qual è il doppio di un numero. Immagina di voler invitare a cena il tuo amico giaguaro e di aver deciso che entrambi mangerete cinque toast al burro di mango. Be', per sapere quanti toast devi preparare in tutto, ti basterà fare 5 (toast) × 2 (persone) = 10 (toast da preparare).»

Maizzitt, per la prima volta in vita sua, era rimasto senza parole, ammirato. «Grazie, amici!!! Mi avete insegnato molto! Vado a insegnare la tabellina del 2 anche a Gennaro il giaguaro!» E con due salti scomparve fra gli alberi.

«Dai, non male queste tabelline… no?» Martino provò a convincere Sveva.

«Mmm… No, non direi» rispose lei, anche se sembrava un po' meno sicura di prima.

Martino estrasse il biglietto con il nuovo indizio dalla boccetta. Lesse ad alta voce:

«2-3-5-5-4   1-6-7-7-6   8-4-9-0-4-10-10-6

0 = I

1 = D

2 = F

3 = O

4 = A
5 = S
6 = E
7 = L
8 = M
9 = R
10 = N.»

«È un numero di telefono?» domandò Sveva.

«È un codice» spiegò il professore, serafico. «Basterà sostituire ai numeri le lettere corrispondenti per ottenere il messaggio cifrato.»

Martino guardò il professore stupito. Era un anziano insegnante in pensione… o una specie di agente segreto?

Si misero a risolvere il codice e ottennero… FOSSA DELLE MARIANNE!

«Il punto più profondissimissimissimo di tutti gli oceani?!» chiese Sveva, preoccupata.

«In fondo al mar… In fondo al mar…» si mise a canticchiare il professore, mentre risaliva la scaletta di corda che portava alla mongolfiera.

IL MISTERO DELLA TABELLINA DEL 3

La *Viacolvento 3000* stava sorvolando l'Oceano Pacifico da ore, quando una fila di piccole isole apparve all'orizzonte sull'infinita distesa d'acqua.

«Sembra una collana di perle...» osservò Sveva.

«Sono le isole Marianne!» disse Martino. «La nostra meta. Atterriamo sulla spiaggia di quell'isoletta e cerchiamo di capire come raggiungere il fondo dell'oceano e la tabellina del 3.»

Una volta sulla spiaggia, Martino cominciò a camminare nervosamente avanti e indietro alla ricerca di una soluzione. Come avrebbero fatto a raggiungere il fondo del mare... con una mongolfiera?

«Be', due tabelline potrebbero anche bastare, no?» considerò Sveva, che si era sdraiata a prendere un po' di sole.

Il professor Pantoffolo intanto preparava la sua tisana al cardamomo, visto che erano quasi le 17.30. «Certo che no! Ci dev'essere un modo per arrivare sul fondo dell'oceano!»

esclamò e, per sfogarsi, prese un sasso dalla sabbia e lo lanciò lontano in mezzo alle onde. SPLUSH!

Dopo pochi secondi emerse un grosso tonno, che cominciò a blaterare qualcosa mentre si massaggiava la testa con una pinna. Ora, non so se avete mai sentito parlare un pesce, ma, se si dice "essere muto come un pesce" un motivo c'è. Dovete sapere, infatti, che i pesci hanno una voce forte e squillante quando si trovano nell'acqua, ma quando emergono non riescono a emettere alcun suono. Neanche una sillaba. Nemmeno una mezza vocale. E infatti il tonno muoveva la bocca con aria molto arrabbiata, ma Martino e i suoi amici non riuscivano a sentire niente.

Fortunatamente Sveva si ricordò di quando a casa le si era rotto il televisore ed era stata costretta a vedere i cartoni animati senza audio per tre mesi prima che suo padre si decidesse a ripararlo. In quel periodo era diventata bravissima a leggere il labiale, cioè a capire quello che qualcuno sta dicendo solo guardando muoversi le labbra, senza sentire i suoni. Così tradusse: «Sta dicendo: "Cosa vi è saltato in mente?! Se tirate un sasso in mare, c'è una buona probabilità di colpire un pesce che nuota tranquillo lì sotto! Guardate che bernoccolo mi avete fatto venire!"».

«Ma certo! I sassi! I sassi vanno a fondo! Non dobbiamo fare altro che riempire il pallone della *Viacolvento 3000* con dei sassi!» esclamò Martino. «Sveva, sei mitica!»

Lei lo guardò allibita. Poi Martino si rivolse al tonno: «Scusa davvero. Per caso sapresti guidarci sul fondo della Fossa delle Marianne?».

Sveva tradusse la risposta del pesce: «“Certo, è facilissimo. Basta andare giù, giù, giù. E poi ancora giù, giù, giù. E poi, infine, un po’ più giù”».

Martino e Sveva spiegarono il loro piano al professore, ma non fu facilissimo perché, nell’ordine, capì tassi col cannone, passi quel pallone e assi nel tallone. Ma alla fine raccolsero abbastanza sassi da riempire tutto il pallone della *Viacolvento 3000.* Il pesce intanto li aspettava fra le onde, osservando curioso.

Martino aveva pensato a tutto. Svuotò l’enorme pallone dalla miscela di azogeno, ossidrolo e plutosforo, trasferendo i gas all’interno di una serie di bombole che aveva preso nella mongolfiera. Poi lo riempì con i sassi, si mise al timone della *Viacolvento 3000* e la diresse in mezzo alle onde, mentre il professore e Sveva osservavano dalla spiaggia. Non aveva voluto che lo accompagnassero, perché la sua idea gli sembrava talmente pericolosa che aveva preferito non mettere a rischio anche i suoi compagni.

Il pallone riempito di sassi entrò finalmente in acqua e la *Viacolvento 3000* si inabissò.

Martino seguiva il pesce che nuotava veloce verso il fondo

più profondo dell'oceano. Adesso che erano sott'acqua la sua voce si sentiva distintamente; anzi, Martino scoprì che Tony – così si chiamava il tonno – amava raccontare barzellette. Certo, le barzellette dei pesci non sono il massimo, ma Martino si sforzava comunque di ridere, visto che Tony era stato così gentile da fargli da guida, nonostante l'avesse centrato in testa con una sassata.

«Quale cartello mette un tonno negoziante quando va al bar?... *Tonno* subito. Uahahahahah!!!»

Scesero sempre più giù superando relitti di navi pirata, sottomarini militari e carcasse di enormi mostri marini, quando finalmente toccarono il fondo dell'oceano.

«Eccoci arrivati sul fondo della Fossa delle Marianne!» esclamò Tony. «Non c'è molto da vedere, come puoi... *nuotare*... Uahahahahah!!!»

«Eh, eh, eh!» ridacchiò nervosamente Martino, mentre si guardava intorno alla ricerca della tabellina. A un certo punto vide la boccetta luccicare semisepolta nella sabbia scura. La indicò a Tony che la prese fra le pinne e la osservò stupito: «E che cos'è?» chiese.

«Te lo spiegherò fra poco! Torniamo su!»

Martino schiacciò un pulsante e il pallone della *Viacolvento 3000* si aprì facendo rotolare fuori tutti i sassi che erano stati messi dentro, e immediatamente la mongolfiera cominciò a risalire verso la superficie.

Quando la *Viacolvento 3000* riaffiorò fra le onde, Sveva abbracciò il professore per la contentezza. Non voleva ammetterlo, ma era stata davvero in pensiero per Martino!

Tony diede a Martino la boccetta che avevano recuperato. Al suo interno il **NUMERO 3** giallo patatina fritta ballonzolava morbidamente contro le pareti di vetro.

Martino aprì la boccetta e, come al solito, l'essenza della tabellina si liberò nell'aria.

«$3 \times 1 = 3$
$3 \times 2 = 6$
$3 \times 3 = 9$
$3 \times 4 = 12$
$3 \times 5 = 15$
$3 \times 6 = 18$
$3 \times 7 = 21$
$3 \times 8 = 24$
$3 \times 9 = 27$
$3 \times 10 = 30$!!!» recitò Martino tutto d'un fiato.

«È la **TABELLINA DEL 3**» intervenne il professore notando lo sguardo perplesso del tonno. «È semplice, per fortuna... Purtroppo non esistono grandi trucchi per ricordarla. Però c'è questo giochetto, che insegnavo sempre ai miei studenti...» E disegnò sulla sabbia un cerchio con dei numeri intorno. Poi cominciò a collegare i numeri fra loro con dei segmenti, senza interrompersi mai: «Vedi? Unendo tutti i numeri ottengo questa: la stella della tabellina del 3!».

Poi, visto che Tony continuava ad apparire perplesso, il professore continuò: «Metti il caso che tu voglia regalare ogni giorno tre alghe alla tua fidanzata per tutta la settimana... Per capire quante alghe raccogliere, basterà fare 3 (alghe) $\times$ 7(giorni) $=$ 21 (alghe da raccogliere)».

«3 × 7= … *ventonno*, vorrai dire! Uahahahaha!!!» esclamò Tony, ma nessuno, per fortuna, sentì la battuta.

«E adesso… il nuovo indizio!» disse Martino ed estrasse il bigliettino dalla boccetta di vetro. C'era uno strano disegno con alcune lettere che sembravano buttate a caso in mezzo alle figure.

«Oh, ma questo è un rebus!» disse il professor Pantoffolo. «Vedete, queste sono api. E questi sono i rami di quest'albero. Aggiungendo la L all'inizio e DE alla fine, otteniamo… LA PIRAMIDE.»

«Ma certo! Rotta verso l'Egitto!» esclamò Martino, e tutti cominciarono a riempire di nuovo il pallone della mongolfiera con azogeno, ossidrolo e plutosforo.

IL MISTERO DELLA TABELLINA DEL 4

«Sì, ma quale sarà la piramide giusta?» chiese Sveva quando arrivarono nel deserto egiziano.

Martino guardò nuovamente il biglietto con l'indizio: non sembravano esserci indicazioni… e di piramidi lì ce n'erano cinque, tutte uguali. A un certo punto, Martino notò che i rami dell'albero del rebus sembravano formare due lettere.

«TK. Che cosa potrebbe indicare?» chiese Sveva.

«Troppi Kilogrammi? Tanti Koala? Tonno e Ketchup? Tunnel…» tentò Martino.

«Sì, vabbè, così potremmo andare avanti tutta la giornata…!»

«Io credo che sia la sigla di un faraone. Le iniziali del suo nome» intervenne il professor Pantoffolo, sorprendendo come al solito i due ragazzini.

«Ma certo! Che sciocco sono stato a non averci pensato prima! Tuttinkamion! Il famoso e potente faraone che aveva fatto costruire un enorme carro per trasportare le merci: il kamion.»

«Allora dobbiamo cercare la sua piramide!» concluse Sveva.

Il professor Pantoffolo avrà avuto anche l'aspetto di un vecchietto in ciabatte, ma si stava rivelando una vera forza!

«Sì, ma qual è? Qui ce ne sono cinque tutte uguali...» disse Sveva. Erano tornati di nuovo al punto di partenza.

A un tratto Martino, Sveva e il professore sentirono abbaiare dietro di loro. «Wof wooof wof wof!»

«Oh, scusate. Stavo parlando di nuovo in canese, ogni tanto mi succede. Volevo dire che la piramide di Tuttinkamion è la seconda da sinistra» disse un grosso cane bianco con un collare rosso al quale era attaccato un papillon. «Mi chiamo Galateo e sono il cane della principessa Iolanda d'Olanda.»

Martino e Sveva rimasero di sale. Il professor Pantoffolo, come al solito, non fece una piega. Poi Martino chiese: «Ma come ci hai trovati?».

«Devo recapitarvi un messaggio della principessa. La mia padrona ha trovato qualcosa di strano alla sede del C.I.R.C.O. e ha pensato che avesse a che fare con le tabelline scomparse. Vorrebbe, dunque, che vi portassi da lei.»

«Accidenti, che cane istruito... Parli come un libro stampato!» esclamò Sveva.

«Grazie mille. Effettivamente parlo settantadue lingue, so fare le addizioni a occhi chiusi, ho letto più di mille libri

senza le figure e sono in grado di recitare la ricetta della pizza al contrario.»

«Wow!» fece Martino. «Unisciti a noi! Ci faresti molto comodo nella squadra! Poi, appena possibile torneremo dalla principessa Iolanda per sapere che cosa ha scoperto. Adesso dobbiamo recuperare la tabellina del 4.»

«Perbacco! Sarebbe un onore per me fare parte di questo manipolo di eroi.»

Sveva e Martino si guardarono: non si sentivano davvero degli eroi... ma ascoltare qualcuno chiamarli così non era niente affatto male! Quest'avventura si faceva sempre più entusiasmante!

I quattro si avvicinarono alla piramide di Tuttinkamion,

ma non riuscivano a trovare l'entrata. La costruzione sembrava completamente sigillata.

Il professor Pantoffolo, a cui iniziavano a fare un po' male le gambe, si appoggiò a una pietra che, sotto il suo peso, si spostò rivelando un passaggio segreto... Ecco l'entrata!

Martino, Sveva, il professore e Galateo si calarono con cautela all'interno dello scuro cunicolo. Attraversarono un intricato labirinto di gallerie, guidati dalla sola luce di una torcia elettrica.

«Sapete, tutte le piramidi hanno una camera principale in cui si trova il sarcofago del faraone. Solo che è estremamente difficile da raggiungere...» stava spiegando il professor Pantoffolo.

«Sono certo che la tabellina del 4 sia nascosta proprio lì...» disse Martino.

«Guardate questi geroglifici!» esclamò a un tratto Galateo. Il cagnone si era fermato davanti a un'antichissima iscrizione sbiadita che si trovava su una parete. «Appartengono certamente al periodo tardo-classico-neo-espressionista del primo decennio del regno di Tuttinkamion. Lo si capisce dall'inclinazione del becco di quell'uomo con la testa di falco...»

«Wow! Ma sai leggerli?!» chiese Martino, stupito dalla cultura di Galateo.

«Certamente. Parlo fluentemente anche il geroglifico.» E, dopo essersi schiarito la voce, il cane pronunciò una serie di suoni gutturali che ricordavano vagamente il verso del pinguino imperatore.

Non appena Galateo ebbe finito, Martino e gli altri avvertirono una sorta di vibrazione: una pesantissima lastra di pietra, con un rumore tremendo, scivolò di lato rivelando un'apertura nella parete alle loro spalle. Si voltarono di scatto e gridarono tutti insieme alla vista di una terribile mummia che usciva barcollando.

«AAAAAAAAAH!!!»

La mummia avanzò verso i quattro con le braccia tese in avanti e poi, all'improvviso... si inginocchiò di fronte al cane dicendo: «Can gnön can gnön sakhr anhimal de Tuttinkamion! Ke bon can gnön! Ke bon anhimal mi gliohr amih kode omini! Yo faroh tuht kuell ke can gnön ah byhsogn! Propr tuht! Bast kiedr!».

«Ma che ha detto?» chiese Sveva.

Galateo rispose: «Be', sembra che stia dicendo che il cane era un animale sacro al tempo del faraone Tuttinkamion… e che, in altre parole, farà tutto quello che gli chiederò…».

Galateo allora chiese alla mummia di accompagnarli nella stanza del faraone, e così i quattro raggiunsero finalmente un'ampia sala finemente decorata con affreschi e iscrizioni. Ori, gioielli e gemme scintillavano alla luce della torcia.

I ragazzi cercarono in ogni angolo, finché… eccola! La boccetta con il **NUMERO 4** che fluttuava rossastro al suo interno! Sveva la aprì sotto lo sguardo attento della mummia. Un fumo rossastro si liberò nell'aria. Lo videro imboccare la porta, risalire la fitta rete di cunicoli e passaggi e uscire dalla piramide.

«Martino, vuoi provare, caro?» chiese il professore.

«Certamente!

$4 \times 1 = 4$

$4 \times 2 = 8$

$4 \times 3 = 12$

$4 \times 4 = 16$

$4 \times 5 = 20$

$4 \times 6 = 24$

$4 \times 7 = 28$

$4 \times 8 = 32$
$4 \times 9 = 36$
$4 \times 10 = 40$! Sì!!! E anche questa l'abbiamo recuperata!»

La mummia cercava di seguire, ma non capiva.

«Quella che hai appena sentito, mia cara mummia, è la **TABELLINA DEL 4**. È una tabellina semplice, che ricorda quella del 2. Anzi, potremmo quasi dire che sono cugine» spiegò il professor Pantoffolo. «In pratica la tabellina del 4 è la tabellina del 2… moltiplicata per 2! Se ci fate caso, infatti, anche la tabellina del 4 è composta solamente da numeri pari. Ma non da tutti… In questo caso, per ogni numero della tabellina, per trovare il successivo si saltano il numero dispari, poi il numero pari e poi di nuovo il numero dispari che seguono.»

Galateo tradusse, mentre la mummia annuiva con aria molto interessata.

«Supponiamo» continuò il professore «che tu, mia cara, debba utilizzare 4 metri di bende per avvolgere i tuoi arti. Per sapere quanti metri ti serviranno in tutto, visto che hai due gambe e due braccia, ti basterà fare 4 (metri) × 4 (arti) = 16 (metri di bende in totale). Semplice, no?»

«Quathr per quathr ug ual sedich! Ke bon tabehllin! Graz can gnön! Mihl graz!»

Non ci fu bisogno della traduzione di Galateo, perché tutti avevano capito che la mummia era felice di aver imparato una cosa nuova.

I quattro la salutarono calorosamente e si issarono ancora attraverso il cunicolo da cui erano entrati. Una volta fuori dalla piramide, Martino estrasse dalla boccetta il nuovo indizio. C'era disegnato un labirinto, fatto così:

IL MISTERO DELLA TABELLINA DEL 5

Raggiunsero la catena montuosa dell'Himalaya alle prime luci dell'alba. La luce del sole si rifletteva sulle montagne coperte di neve, e perfino una tipa tosta come Sveva si era quasi commossa per la bellezza di quel paesaggio. La loro ricerca non era neanche a metà e già avevano percorso migliaia di chilometri sulla *Viacolvento 3000* e visitato luoghi incredibili… Ma non c'era tempo per perdersi in romanticismi! Avevano una missione da portare a termine. Atterrarono ai piedi dell'Everest, la più alta montagna del mondo. La cima era perennemente avvolta dalle nubi e questo rendeva impossibile volare con la mongolfiera fino in vetta e recuperare così la quinta tabellina in maniera semplice.

Fu Galateo a proporre una soluzione: «Voliamo fino al punto in cui cominciano le nuvole, e poi ci vuole qualcuno che scali la montagna fino alla cima, recuperi la tabellina e la riporti giù».

«Ma siamo sicuri sicuri sicuri?! Magari c'è una soluzione meno rischiosa...» chiese Martino, preoccupato. Gli sembrava una missione ancora più pericolosa di quella della Fossa delle Marianne.

«Vado io» si propose Sveva con aria risoluta. «Sono la più allenata.» E si legò una bandana sulla fronte.

Martino era superspaventato al pensiero di Sveva che si arrampicava da sola sulle pareti ghiacciate dell'Everest. Pensò che fosse la ragazza più coraggiosa che avesse mai conosciuto, oltre che la più carina.

Sveva partì, armata di ramponi, picconi, zaino e corde. Martino, il professor Pantoffolo e Galateo la salutarono e la seguirono con lo sguardo finché non scomparve in mezzo alla fitta coltre di nubi.

«Oh, che ragazza volenterosa... Deve avere proprio a cuore la matematica e le tabelline!» esclamò il professore.

Sveva intanto saliva più determinata che mai. Certo, della tabellina le importava poco, ma amava le sfide e questa era la più incredibilmente mitica che le fosse mai capitata.

Man mano che arrampicava, l'aria si faceva sempre più sottile e il freddo più pungente. Non vedeva a un palmo dal naso e, anzi, il naso le si era completamente congelato. Se qualcuno glielo avesse pizzicato, probabilmente si sarebbe staccato di netto. Chissà che aspetto avrebbe avuto senza naso... Chissà se sarebbe piaciuta lo stesso a Martino...

Eh? Ma cosa andava a pensare?! Non era da lei lasciarsi andare a questi pensieri sdolcinati! Dovevano essere la fatica e la mancanza di ossigeno nell'aria che le davano un po' alla testa. Accidenti, chi poteva immaginarlo che sulla cima dell'Everest si facesse così fatica a respirare… e che viene un sonno, ma un sonno… ma proprio sonnissimiss… zzzzzzzzzzzzz. Sveva lasciò la presa.

Riaprì gli occhi mentre precipitava in mezzo alle nubi ghiacciate dalla cima dell'Everest. Che brutta situazione! Non ebbe neanche il tempo di pensarci troppo, però, perché a un certo punto la caduta finì, con un sonoro PUFF!

"Ah, mi aspettavo più un rumore tipo SPATACRASH o CRACKABUM o SBEREBENG…" pensò Sveva.

In realtà era atterrata su un soffice mucchio di pelo. Era salva, non poteva crederci!

Ma a un certo punto il mucchio di pelo parlò: «Non zi dice neanke krazie?».

«AAAH!!! Ma chi sei?!»

«Ciao!! Io zono Nevizkio! Zono uno yeti. E tu ki è?»

«Io sono Sveva e non sono uno yeti. Ah, e… grazie di avermi salvata.»

«Ah, fikurati! Ma dove andava tutta zola zu cima di Everezt? Tu è un po' zvitata?»

«Un po' me lo chiedo anch'io, in effetti… Stavo andando a recuperare una cosa.»

«Ah, ma non c'è niente zu cima di Everezt. Niente di niente. Mai. A parte altro ciorno, ke c'era quezta.»

Lo yeti tirò fuori da sotto il pelo una boccetta che conteneva il **NUMERO 5** che fluttuava, viola, all'interno.

Sveva esclamò: «La tabellina del 5! È proprio questa che stavo cercando! Adesso posso tornare giù dai miei amici!».

«Anke io voglio zalutare tuoi amici! Qui non viene mai nezzuno!»

E così Nevizkio si caricò Sveva sulle spalle e cominciò a scendere lungo le ripide pareti ghiacciate con la stessa tranquillità con cui voi fareste una passeggiata al parco.

Martino era rimasto tutto il tempo in piedi a scrutare le nubi che avvolgevano la cima della montagna nella speranza di vedere Sveva, ma senza riuscirci, quando, a un certo punto, vide una creatura enorme che correva e saltava proprio verso di loro.

«Sembra un rarissimo esemplare di *Yetis himalayensis*!» esclamò Galateo.

«Quattro orizzontale: yeti. Grazie mille» intervenne il professore, senza alzare lo sguardo dal suo cruciverba.

Quando lo yeti fu abbastanza vicino, Martino notò che sulle spalle aveva una specie di zaino... anzi no, non era uno zaino: era una ragazzina dai capelli neri e dagli occhi color marrone come il mare di Marina di Bibbona...

«Sveva!» Martino le andò incontro per abbracciarla, ma fu lo yeti a stritolarlo affettuosamente tra le sue braccia pelose.

«Amiko!» esclamò.

«Il piacere è tutto nostro, signor yeti» rispose cortesemente Galateo.

«Oh, sì. Gradisce un po' di tisana al cardamomo?» chiese il professore senza scomporsi, come se quello fosse il millesimo yeti che vedeva in vita sua.

Poi Sveva mostrò a Martino la boccetta con l'essenza della quinta tabellina. «Non ce l'avrei mai fatta senza Nevizkio!» disse.

Martino la aprì e un fumo color lampone si liberò nell'aria fredda.

«Provo?» chiese Martino.

«Prova» rispose il professor Pantoffolo.

«5 × 1 = 5
5 × 2 = 10
5 × 3 = 15
5 × 4 = 20

$5 \times 5 = 25$
$5 \times 6 = 30$
$5 \times 7 = 35$
$5 \times 8 = 40$
$5 \times 9 = 45$
$5 \times 10 = 50$! E anche questa l'abbiamo salvata!»

«Ke koz'è kuezta kantilena?» chiese Nevizkio, sorseggiando la tisana al cardamomo.

«Questa, mio caro, è la **TABELLINA DEL 5**. Come avrai visto, tutti i numeri che la compongono hanno come ultima cifra il numero 5 o il numero 0. 5 e 10. Poi 15 e 20. Poi 25 e 30 di nuovo, cifra tonda. E così via, fino a 50.»

«Oooh. E a ke zerve tabellina di cinkue?» domandò lo yeti, sempre più interessato.

«Oh, be', supponi che ogni anno i tuoi peli crescano di 5 centimetri: per sapere quanto saranno cresciuti fra 8 anni, ti basta fare 5 (centimetri di pelo) × 8 (anni) = 40 (centimetri di pelo). Utile, no?»

«Ah, zì, zì. Molto utilizzima. Voi è perzone molto ztrane, ma tabellina di cinkue e kardamomo io non dimentika mai!» e scomparve a grandi balzi fra le nubi grigie.

Martino guardò Sveva. Lei arrossì e disse: «Be', fra tutte, la tabellina del 5 è una delle migliori…».

Lui sorrise e tirò fuori dalla boccetta l'indizio per trovare la tabellina successiva:

C'è una casa abbandonata proprio in mezzo alla palude.
La finestra è sverniciata e la porta non si chiude.
Se alla sesta tabellina ci tieni pure tu,
in Louisiana devi andare,
ma attenzione fai al vudù.

Stavolta l'indizio era chiaro. Direzione Stati Uniti. Ma che cosa voleva dire l'avvertimento finale?

IL MISTERO DELLA TABELLINA DEL 6

«Il vudù è una specie di magia nera originaria dell'Africa» spiegò Galateo mentre la *Viacolvento 3000* atterrava ai margini di un'enorme palude. L'aria era calda e umida.

«Perché dovremmo stare attenti alla magia vudù in questa palude puzzolente?» commentò Sveva, mentre saltava giù dalla mongolfiera.

«Perché la palude è maledetta!» disse una voce.

Si voltarono tutti di scatto. Seduto a gambe accavallate su un tronco d'albero c'era un ragazzino con la pelle color ebano e i capelli ricci e nerissimi. Aveva in braccio una chitarra e stava suonando tenendo in bocca un filo d'erba.

«E tu chi sei?» chiese Sveva.

«Mi chiamo Domisol. Sono nato e cresciuto in questo postaccio. E vi dico che la palude è maledetta.»

«Ma-maledetta?!» balbettò Martino.

«Già. Un'antica maledizione vudù rende impossibile orientarsi al suo interno. Gli alberi, le liane, e perfino i coccodrilli in questa zona non fanno che sussurrare informazioni sbagliate. Chi entra in questa palude è condannato a rimanerci per sempre.»

«Ma perché? Che senso avrebbe tutto ciò?» chiese Galateo.

«Oh, la leggenda racconta che sia stata la strega Gertrude a lanciare questa maledizione tanti anni fa per proteggere la sua casa, che si trovava proprio al centro della palude...»

«Accidenti! È proprio lì che dobbiamo andare!» esclamò Martino.

«Dovete andare alla casa di Gertrude?!» Domisol smise di suonare.

«Sì, è una lunga storia...» rispose Sveva.

All'improvviso Martino ebbe un'illuminazione: «Hai detto che nella palude ci sono delle voci che *sussurrano* informazioni sbagliate, giusto?».

«Precisamente» rispose Domisol.

«Allora forse abbiamo una speranza!» concluse Martino con un mezzo sorriso. «Professore, se la sente di affrontare da solo questa missione?»

«Come? Ti piacciono le cozze a colazione?» rispose lui, portando una mano all'orecchio.

I ragazzi e Galateo si scambiarono uno sguardo d'intesa: se le voci della maledizione sussurravano, il professore, sordo com'era, non le avrebbe sentite!

Così, dopo qualche spiegazione a voce molto alta, il professor Pantoffolo si inoltrò nella palude, con la consueta flemma, i calzoni arrotolati fin sopra il ginocchio, i piedi immersi nell'acqua marrone e le ciabatte di feltro in mano.

«Professore, faccia attenzione agli alligatori!» gli gridò Sveva. Lui si voltò.

«Albergatori! Capito! Starò molto attento, non temete!» e scomparve in mezzo alla vegetazione.

I ragazzi, Galateo e Domisol rimasero in silenzio per qualche secondo. Questa volta le loro speranze erano davvero appese a un filo. Poi Domisol ruppe il silenzio.

«Ma insomma, che cosa state cercando in mezzo a questa palude nauseabonda?»

«Stiamo cercando la tabellina del 6… Conosci le tabelline? Quelle che si studiano a scuola?» provò a spiegare Martino.

«Mai andato a scuola» rispose il ragazzo.

«Beato te!» esclamò istintivamente Sveva. Galateo la guardò… in cagnesco.

«È semplice. Ogni tabellina è un **ELENCO DI MOLTIPLICAZIONI**. E, per esempio, nella tabellina del 6 si moltiplica il numero 6 per tutti i numeri da 1 a 10» rispose Galateo.

«E come sarebbe questa tabellina del 6?» chiese Domisol.

«Ehm… non la ricordiamo» rispose Martino con un certo imbarazzo. «L'essenza della tabellina del 6 è nascosta al centro di questa palude, quindi nessuno la può ricordare finché non l'avremo recuperata. È piuttosto strano da credere, ma è così...»

«Io sono cresciuto vicino a una palude protetta da una maledizione vudù: sono abituato alle cose strane!» rispose Domisol, ridendo.

In quel momento nella nebbiolina che ristagnava sopra l'acqua della palude videro apparire una sagoma. Ma era... era... il professor Pantoffolo! In una mano stringeva una boccetta di vetro in cui vedevano agitarsi il **NUMERO 6** di un bel colore rosa acceso.

«Gli alligatori non sono per niente ospitali, ma basta sa-

perli prendere e si tranquillizzano subito» e sventolò davanti ai loro occhi un paio di ciabatte in pelle di coccodrillo.

Martino, Sveva e Galateo erano stupefatti. Ma come aveva fatto? Com'è che questo anziano e pacifico professore riusciva sempre a sorprenderli?

Il professore porse la boccetta a Martino, che la aprì e passò al consueto test per verificare che tutto fosse tornato a posto.

«$6 \times 1 = 6$

$6 \times 2 = 12$

$6 \times 3 = 18$

$6 \times 4 = 24$

$6 \times 5 = 30$

$6 \times 6 = 36$

$6 \times 7 = 42$

$6 \times 8 = 48$

$6 \times 9 = 54$

$6 \times 10 = 60$!!! E vai!»

Erano oltre la metà della loro missione.

«Wow! Ma è fortissima questa tabellina del 6!» disse Domisol. «È come un pezzo blues, ma senza la musica! Come faccio a ricordarla?»

«Per ricordare la **TABELLINA DEL 6** purtroppo non c'è nessun trucchetto speciale. L'unico modo è... impararla!» rispose candidamente il professore. «Però la musica è sempre una valida aiutante per memorizzare le cose!»

Domisol prese la chitarra e si mise a cantare sguaiatamente:

«Sei, dodici, diciotto,
l'alligatore se la fa sottooo.
Ventiquattro, trenta, trentasei,
se gli do un cazzotto dei miei,

quarantadue e poi quarantotto,
si ritrova con un dente rottooo.
Cinquantaquattro e infine sessanta,
e si nasconde dietro una piantaaaaaaa!»

Solo l'educatissimo Galateo fece un applauso di cortesia.

«Adesso devo andare» disse Domisol. «Ma non dimenticherò la tabellina dell'alligatore!»

«Ehm, la tabellina del 6...» Martino estrasse il biglietto con l'indizio riguardante la tabellina successiva. Era un cruciverba.

Il professore guardò Martino e disse: «Oh, sono sicuro che questo potete risolverlo anche da soli, ormai...».

Martino e Sveva non ci misero più di dieci minuti a completare il cruciverba e quando ebbero finito esclamarono in coro: «Popocatépetl!».

«Sì, ma che cosa significa?» chiese Martino.

«È un vulcano e si trova in Messico» spiegò Galateo.

«E allora, rotta per il Messico!!!» replicò Sveva con piglio deciso.

IL MISTERO DELLA TABELLINA DEL 7

La *Viacolvento 3000* stava sorvolando il cratere del vulcano Popocatépetl, in Messico.

«E adesso? Dove sarà la tabellina che stiamo cercando?» chiese Sveva.

«Dentro il cratere» ipotizzò Martino con aria preoccupata. «Se fossi un super supercattivo… è sicuramente quello il posto dove la nasconderei.»

«Non posso fare altro che concordare con Martino» disse Galateo.

Il professore intanto stava sorseggiando la sua tisana da un pezzo, visto che erano già le 17.37.

«E quindi come la tiriamo fuori da lì?» domandò Sveva.

Martino notò stupito che sembrava si fosse davvero appassionata alla loro missione. Forse stava imparando ad apprezzare la matematica e le tabelline, o forse era solo il suo amore per l'avventura…

Mentre si avvicinavano con la mongolfiera, videro rivoli di lava colare giù dalle pendici rocciose e una grossa colonna di fumo nero che si innalzava dal cratere. Il Popocatépetl era in piena attività.

«Dubito che potremo entrare nel cratere» commentò Galateo. «Ho letto sul manuale di guida di questa mongolfiera che il pallone è pieno di azogeno, ossidrolo e plutosforo, i gas più infiammabili esistenti nell'universo. Una sola scintilla, un solo schizzo di lava incandescente e questo pallone aerostatico detonerebbe all'istante.»

«Cioè?» fece Sveva, che a volte non capiva i paroloni usati da Galateo.

«Se qualcosa di caldo tocca il pallone e il gas s'infiamma, la mongolfiera esplode, mia cara. BUM!» intervenne il professore, senza distogliere gli occhi dal suo rebus. Ma era sordo oppure no? A volte pareva sentirci benissimo!

Martino intanto stava scrutando l'interno del cratere con il binocolo. A un tratto esultò: «La vedo! La boccetta con l'essenza della tabellina del 7 è proprio laggiù!».

Il piccolo contenitore di vetro si trovava appoggiato sul bordo del cratere, circondato da fiumi di lava incandescente.

La *Viacolvento 3000* atterrò in uno spiazzo pianeggiante. Le rocce tutto intorno erano nere come il carbone, e qua e là, a intervalli irregolari, getti di vapore bollente uscivano con un sibilo dalle fessure.

I quattro si stavano guardando intorno in cerca di un'idea, quando Sveva vide una grossa lucertola verde smeraldo che stava immobile con gli occhi chiusi sulla pietra nera. Quando furono più vicini, la lucertola aprì gli occhi e li guardò, sorpresa di vedere qualcuno sulle pendici del Popocatépetl.

«Sssssh sssh ssh ssssssh ssh ssssssh ssh ssssh.»

Sveva e Martino si guardarono perplessi. Galateo, invece, con naturalezza disse: «È spagnolucertolese, una lingua dalla grammatica semplice, seppure la pronuncia non sia delle più banali».

«Ma che dice?» chiese Martino.

«Dice che si chiama Lavinia, è una lucertola dei vulcani e ci dà il benvenuto in questo luogo rovente e inospitale.»

«Lucertola dei vulcani?!» ripeté Sveva. «Mai sentita. E che lucertola è?»

«Sono animali a sangue gelido e quindi vivono solo in posti bollenti. Nel deserto del Sahara, nei crateri dei vulcani, a Firenze d'estate...»

«Come hai detto?» lo interruppe Martino.

«Ho detto: a Firenze d'estate...»

«No, no, prima di quello! Hai detto che vivono nei crateri dei vulcani!»

Galateo lo guardò, alzando le sopracciglia canine. Aveva intuito l'idea del ragazzino. Si rivolse di nuovo alla lucertola.

«Sssh sssssh?»

«Che cosa le hai chiesto?» domandò Sveva.

«Le ho chiesto se potesse gentilmente scendere nel cratere del Popocatépetl per recuperare una boccetta con dentro l'essenza di una tabellina, perché stiamo compiendo una missione di estrema importanza per il futuro dell'intera umanità.»

«Accidenti, tutta questa roba in due parole?!»

«Be', lo spagnolucertolese è una lingua molto sintetica...»

Lavinia rispose: «Sssssh sssh ssh sssssssh sssh ssssssssssssssh sssh ssssh sssh ssssssssssssh sssh sssssssssh ssssssssssh ssssssssssssh ssssh sssssssssssssh sssh sssssh ssssh ssssssssssh sssssh sssh ssssssssssssssssh!».

«Allora? Che ha detto?» domandò Martino.

«Ha detto di sì» disse Galateo con un sorriso.

«Alla faccia della lingua sintetica!» commentò Sveva.

Lavinia si arrampicò scivolando in mezzo alle rocce fino al cratere del vulcano e, in men che non si dica, scomparve alla loro vista. Dopo qualche minuto era già di ritorno. La sua lingua blu era avvolta attorno a una boccetta di vetro dentro la quale scintillava il **NUMERO 7** color porpora.

Martino esultò! La tabellina del 7 era la sua preferita! Aprì la boccetta e attese che il fumo purpureo si liberasse nel cielo. Poi fece un respirone e cominciò:

«$7 \times 1 = 7$

7 × 2 = 14
7 × 3 = 21
7 × 4 = 28
7 × 5 = 35
7 × 6 = 42
7 × 7 = 49
7 × 8 = 56
7 × 9 = 63
7 × 10 = 70. Sì!!!»

«La **TABELLINA DEL 7** è un'altra di quelle che vanno imparate a memoria... Purtroppo non ci sono regoline o regolette per ricordarla. Però una cosa curiosa è che, se ricordate il disegno a stella della tabellina del 3 e lo percorrete al contrario, otterrete proprio la tabellina del 7. Partite dal 7, poi seguendo il lato della stella trovate il 4, cioè il 14, poi l'1, cioè il 21, e così via... Provare per credere!» Il professore prese un sasso e tracciò un disegno sulla roccia scura.

Lavinia osservava curiosa, poi disse: «Sssh ssh ssssssh sh. Sssssh ssshs ssssh ssssssssh: sssh × ssh = sssssh».

«Ah ah ah! Esatto, Lavinia! Bravissima! Se il Popocatépetl erutta ogni mese 8 quintali di lapilli, fra 7 mesi, per Natale, avrà eruttato 7 (mesi) × 8 (quintali di lapilli) = 56 (quintali di lapilli)» le rispose Galateo.

Il professore annuì compiaciuto. Martino prese la boccet-

ta per estrarre il bigliettino con l'indizio per la tabellina successiva: cominciavano a essere davvero vicini alla fine della loro missione!

«Ma… ma… qui non c'è nessun indizio!» esclamò, non appena si accorse che la boccetta era vuota.

Galateo lo guardò senza riuscire a dire nulla, Sveva rimase impietrita e anche il professor Pantoffolo aggrottò le sopracciglia scuotendo lentamente la testa.

Martino non poteva crederci. Proprio quando pensava che ce l'avrebbero fatta… Tutto a un tratto si sentì molto stanco… e si sedette su una roccia.

«Ahi!»

Scottava. Sveva gli mise una mano sulla spalla e lui si voltò a guardarla. Com'era carina. Lei gli tese la mano e gli disse: «Non penserai davvero di arrenderti così? Abbiamo ancora tre tabelline da recuperare e tre giorni di tempo per farlo. Non ci fermeremo fino all'ultimo secondo a disposizione».

Lui si alzò e le sorrise: «Hai ragione!» esclamò. «Andiamo!»

«Va bene, ma dove, però?» chiese Galateo.

«Direi che a questo punto abbiamo finalmente il tempo per scoprire che cosa doveva dirci la tua padrona, la principessa Iolanda d'Olanda!» rispose Martino.

IL MISTERO DELLA TABELLINA DELL'8

Arrivarono in volo al palazzo reale al tramonto dell'ottavo giorno della loro missione. Il tempo restante per portarla a termine cominciava a essere molto poco. Atterrarono nel giardino reale, fra siepi curatissime e cespugli a forma di unicorno. Sul prato la principessa Iolanda d'Olanda li aspettava con aria impaziente.

Galateo le corse incontro scodinzolando e cercò di leccarle il volto. Nonostante conoscesse settantadue lingue era pur sempre un cane!

«Venite! Dovete assolutamente vedere questa cosa! Da quando l'ho trovata sono sempre più convinta che abbia a che fare con il mistero delle tabelline.»

La principessa li condusse all'interno del palazzo fino alla sua stanza, si chiuse la porta alle spalle e girò la chiave nella toppa, come se avesse timore di essere spiata. «Guardate» disse, e tirò fuori da sotto il materasso dell'enorme letto a baldacchino una boccetta di vetro con il **NUMERO 8** giallo che fluttuava al suo interno.

«Ma è la tabellina che stavamo cercando!» esclamarono in coro Martino e Sveva. «Ma dove…? Come…?»

«L'ho trovata in una stanza nascosta nella sede del C.I.R.C.O. pochi minuti dopo che eravate partiti per la vostra missione… Stavo cercando il bagno e sono finita in una strana stanza che non avevo mai visto! Ho pensato subito che fosse importante per la missione e ho mandato Galateo a cercarvi. Sono giorni che vi aspetto!»

«Ma che cosa ci faceva la tabellina dell'8 nascosta nella sede del C.I.R.C.O.?» chiese Martino.

«Secteper Octopus sarà anche un supercattivo, ma di certo non è superfurbo…» disse Sveva.

«O forse c'è qualcosa che ci sta sfuggendo…» aggiunse Martino.

«Mentre riflettiamo, io intanto procederei alla liberazione della **TABELLINA DELL'8**. Prego, caro Martino» intervenne il professor Pantoffolo, porgendo la boccetta al ragazzo.

Martino stappò la boccetta di vetro e un vapore giallo canarino si liberò all'interno della stanza. Arrivò fino all'altissimo soffitto decorato a cassettoni di legno dorato, fece due giravolte e uscì da una fessura dell'enorme finestra semiaperta che dava sul cortile interno del palazzo.

Martino prese fiato e:

«$8 \times 1 = 8$
$8 \times 2 = 16$
$8 \times 3 = 24$
$8 \times 4 = 32$
$8 \times 5 = 40$
$8 \times 6 = 48$
$8 \times 7 = 56$
$8 \times 8 = 64$
$8 \times 9 = 72$
$8 \times 10 = 80$!!!»

«E anche questa è andata!» esclamò Sveva.

«Perdinci… che tabellina difficile… » commentò la principessa Iolanda, abbassando lo sguardo. La verità è che era sempre stata una schiappa in matematica.

Il professore la guardò bonariamente e spiegò: «Ma no, altezza, la tabellina dell'8 non è affatto complicata. In un certo senso è parente di quella del 2 e di quella del 4. Anche in questo caso tutti i numeri che la compongono sono pari. E poi, adesso che abbiamo imparato tutte le tabelline fino a quella dell'8, potete accorgervi di una cosa…».

«Che cosa?» chiesero tutti in coro.

«Dovreste avere studiato a scuola che la **MOLTIPLICAZIONE** gode della **PROPRIETÀ COMMUTATIVA**…»

«Certo!» esclamò Martino.

«Mai sentita…» lo contraddisse Sveva nello stesso istante.

Il professor Pantoffolo sorrise e continuò: «La proprietà commutativa della moltiplicazione è quella per cui, se inverto l'ordine dei **FATTORI**, il risultato dell'operazione non cambia».

«È vero! 3×2 o 2×3 è uguale, si ottiene sempre lo stesso risultato: 6» commentò Galateo.

«Esatto! Quindi, prendete la tabellina dell'8: se avete già imparato le tabelline dall'1 al 7, in realtà di questa tabellina dovete imparare soltanto tre moltiplicazioni su dieci.»

«Ah sì?!» fece Sveva, stupita.

«Certo! Soltanto $8 \times 8 = 64$, $8 \times 9 = 72$ e $8 \times 10 = 80$.»

«E tutto il resto della tabellina?» domandò la principessa.

«Be', prendete per esempio 8×4. Se ricordate la tabellina del 4, vi basterà fare $4 \times 8 = 32$. Grazie alla proprietà commutativa della moltiplicazione, 8×4 e 4×8 sono esattamente la stessa cosa. Quindi anche $8 \times 4 = 32$.»

«Wooow!» esclamò Sveva. «Quindi, prof., lei vuole dirmi che se io imparo la tabellina del 5, automaticamente avrò imparato un pezzetto di ciascuna di tutte le altre?»

«Esatto! Se tu sai che $5 \times 7 = 35$, automaticamente sai già anche un pezzo della tabellina del 7, perché, senza accorgertene, sai anche che $7 \times 5 = 35$» rispose il professor Pantoffolo.

«Ma è fantastico! Però... adesso che facciamo? Come recuperiamo le ultime due tabelline? Non abbiamo indizi, nemmeno un luogo in cui cercare...»

«Be', in realtà un luogo in cui cercare ce l'abbiamo» rispose Martino. «È giunto il momento di tornare alla sede del C.I.R.C.O. Il mistero della tabellina dell'8 ritrovata dalla principessa Iolanda dev'essere assolutamente approfondito!»

Martino, Sveva, il professor Pantoffolo e Galateo salutarono la principessa che li guardava allontanarsi dal giardino del palazzo reale a bordo della *Viacolvento 3000*, nella notte scura verso la sede segreta del C.I.R.C.O.

IL MISTERO DELLA TABELLINA DEL 9

Martino strisciò sul lettore il tesserino che gli aveva dato il generale prima della partenza e i quattro entrarono nella sede del C.I.R.C.O. in piena notte. Sgattaiolarono nei corridoi scuri come dei ninja, grazie ai consigli da karateka di Sveva.

«Fermi tutti. È questa la stanza segreta in cui la principessa Iolanda ha trovato la boccetta con la tabellina dell'8...» sussurrò Galateo.

«Ma perché non accendiamo la luce? Non so se è per la cataratta, ma non vedo un bel niente» bofonchiò Pantoffolo.

«Meglio di no, professore» rispose Martino. «Se la tabellina dell'8 era nascosta in queste stanze, vuol dire che Secteper Octopus è stato qui. O forse c'è ancora. Non credo sia una buona idea far sapere della nostra presenza qui...»

La porta della stanza segreta era piuttosto anonima, nessuna scritta o cartello che lasciasse intendere che cosa ci fosse dietro. Martino prese coraggio e girò lentamente la maniglia. Inaspettatamente, non era chiusa a chiave. Martino aprì la porta quel tanto che bastava per dare una sbirciatina all'interno. La stanza era illuminata da una luce azzurrognola e sembrava che non ci fosse nessuno. Entrarono. Al centro, su un tavolo, c'erano un panno e un flacone di Metalbrill, un detergente per pulire e lucidare i metalli. Tutti si muovevano con cautela evitando di parlare.

«Sentite anche voi questo rumore?» domandò Galateo a un tratto, indicando una parete. «È come se qualcuno, molto lontano, stesse cercando di parlare con una patata in bocca...»

Il professor Pantoffolo si avvicinò per sentire meglio (inutilmente, sordo com'era...) e urtò un vaso che azionò un meccanismo che aprì una porta segreta nella parete. Nello spazio angusto che apparve davanti ai loro occhi, legato a una sedia e imbavagliato, c'era un omone con una folta barba bianca e un vestito rosso di stoffa pesante.

«Ma... ma... ma è... Babbo Natale!!!» esclamò Martino, incredulo.

«Oh oh oh! In persona, cari ragazzi! Grazie!» esclamò con un sorriso Babbo Natale non appena fu libero.

«Ma che cosa ti è successo?!» chiese Sveva.

«Sono stato rapito, mia cara. Roba da non credere! Rapire Babbo Natale!»

«E perché?»

«E da chi?»

«Ma quando?»

«E come?»

Le domande dei quattro erano sempre più incalzanti.

«Tutto quello che ricordo è che mi trovavo nella mia casetta al Polo Nord, poi a un tratto ho visto tutto nero e mi sono risvegliato qui. Sono stato costretto a inviare una lettera a tutti i capi del mondo...»

«La lettera di Secteper Octopus! Ma perché ha chiesto a te di mandarla?»

«Perché dispongo del miglior servizio postale mondiale, ovvio. Mica penserete che sia facile ricevere milioni di lettere da tutti i bambini ogni anno e non perderne neanche una?! La Babbo Natale - Renne & Strenne è la miglior compagnia postale che esista!» gongolò Babbo Natale soddisfatto.

«Quindi tu... hai visto Secteper Octopus?» chiese Martino.

«Be', no, non l'ho mai visto in faccia. Dopo che mi ha legato e imbavagliato, si è messo seduto a quel tavolo, con il volto coperto, a lucidare qualcosa» e indicò il panno e il flacone di Metalbrill.

«Sempre più strano...» commentò Martino fra sé.

«Ehi, venite qua! Non crederete mai a quello che ho trovato» li richiamò Sveva, che stava perlustrando la stanza. E riemerse da una montagna di cianfrusaglie con una boccetta di vetro in mano. Al suo interno il **NUMERO 9**, nero come la pece, fluttuava lentamente.

«La tabellina del 9! Ma cosa ci fa qui?!» Martino prese la boccetta e la aprì. Un vapore scuro si dissipò rapidamente nell'aria illuminata dal neon azzurro.

«9 × 1 = 9
9 × 2 = 18
9 × 3 = 27
9 × 4 = 36
9 × 5 = 45
9 × 6 = 54
9 × 7 = 63
9 × 8 = 72
9 × 9 = 81
9 × 10 = 90! E anche questa l'abbiamo recuperata!» esultò Martino dopo aver fatto la consueta prova.

«Che cos'è? Un nuovo giocattolo appena messo sul mercato?» chiese Babbo Natale tenendo le mani sulla cintura nera in finta pelle.

«Questa era la **TABELLINA DEL 9**» cominciò a spiegare il professor Pantoffolo. «Una tabellina che è sempre stata considerata molto complessa dai miei studenti, ma che in realtà può essere ricordata con un semplice trucchetto.»

«Una tabellina? Sapete, io... non sono mai andato a scuola! Già... ero troppo impegnato a imparare tutto su giocattoli, pacchi, lettere, renne volanti, slitte e tutto il resto!» raccontò Babbo Natale.

«È semplice. Prendete i numeri che compongono la tabellina, scriveteli in colonna l'uno sotto l'altro e osservate cosa succede alla prima cifra a destra, quella delle unità, e alla seconda cifra a sinistra, quella delle decine. Ah, per quanto riguarda il primo numero, invece di 9 ricordatevi di scrivere 09.»

«Mmm... Che cosa dovrei notare?» chiese Babbo Natale.

«La cifra delle unità va da 9 a 0, 9-8-7-6-5-4-3-2-1-0, mentre quella delle decine va da 0 a 9, 0-1-2-3-4-5-6-7-8-9! Non è di un'eleganza straordinaria?!» al professore brillavano gli occhi.

«Oh oh oh!» esclamò Babbo Natale contento. «Decisamente!»

Galateo interruppe la spiegazione matematica. «Mi spiace interrompere questo momento così elegante, amici, ma perché Secteper Octopus avrebbe portato Babbo Natale e nascosto alcune delle tabelline rubate proprio qui, all'interno della sede segreta del C.I.R.C.O.? Questa cosa non ha alcun senso...»

Martino e Sveva si guardarono con aria interrogativa, ma prima che potessero rispondere la porta si aprì e nella stanza entrò il generale giocherellando con la medaglia d'argento per la seconda miglior imitazione di Topolino. Quando vide Martino, Sveva, il professore e Galateo, sgranò gli occhi e per un attimo rimase a bocca aperta, ma subito si ricompose ed esclamò: «Bene, la mia squadra di eroi! Già di ritorno?».

«Generale! Pensiamo che Secteper Octopus si nasconda proprio qua, nella sede del C.I.R.C.O.! E ha pure rapito Babbo Natale!»

Il generale sembrava sconvolto. «Questo supercattivo è più cattivo di quanto pensassimo! Addirittura rapire Babbo Natale...» Scosse il capo. «Ma ditemi... avete recuperato tutte le tabelline?» E nel dire questo, senza pensarci, prese il panno, il flacone di Metalbrill e iniziò a lucidare le numerose medaglie che gli decoravano il petto.

Martino, Sveva e Babbo Natale si scambiarono un'occhiata incredula. Poi Martino rispose: «S-sì, abbiamo risolto tutti gli indizi... Secteper Octopus!».

Il generale si immobilizzò, rendendosi conto di essersi appena tradito, ma in un attimo si riprese e, ribaltando il tavolo con un calcio, scappò di corsa lungo il corridoio del C.I.R.C.O.

Martino, Sveva, Galateo e Babbo Natale si gettarono all'inseguimento. Dietro di loro il professor Pantoffolo arrancava trotterellando nelle sue pantofole di feltro. Dopo una corsa a perdifiato, uscirono dall'edificio e raggiunsero la spiaggia, dove era ancorata la *Viacolvento 3000*. Il sole stava sorgendo all'orizzonte. Il generale, sul bagnasciuga, sembrava non avere via di fuga.

«Generale, ormai è in trappola! Si fermi e ci spieghi perché l'ha fatto!» gridò Martino.

Con un ghigno malefico il generale rispose: «Perché l'ho fatto?! Perché l'ho fatto?! Ahr, ahr, ahr!!! Perché io ODIO LE TABELLINE! Le ho sempre odiate! Vedete tutte queste

medaglie sul mio petto? Ce ne sono di tutti i tipi, ma ne manca una. Una sola: quella della gara di tabelline. Ho provato a impararle, ma non ce l'ho mai fatta! SONO SEMPRE ARRIVATO ULTIMO!!! E così ho deciso che nessun altro avrebbe dovuto saperle e le ho fatte sparire! Ahr, ahr, ahr!».

Poi estrasse dalla giacca la sua sparafionda ionica, la alzò e...

IL MISTERO DELLA TABELLINA DEL 10

BANG!!! Il colpo esploso dalla sparafionda del generale risuonò sulla spiaggia illuminata dai raggi dell'alba e il proiettile di caucciù superrinforzato sibilò verso la *Viacolvento 3000.*

Martino, Sveva e gli altri videro il pallone afflosciarsi. Poi il generale gridò: «Squaloscafo!».

Dal mare emerse una specie di sommergibile motorizzato a forma di squalo. Il generale gli saltò in groppa e si allontanò solcando le onde.

«Addio, babbei!!! Ahr, ahr, ahr! Sono un super supercattivo!»

«E come lo raggiungiamo? La *Viacolvento 3000* ha il pallone bucato!» chiese Sveva, preoccupata.

Babbo Natale si fece avanti: «Oh, ma ci penso io, mia cara!». Estrasse un fischietto dal taschino ed emise degli ultrasuoni elfici.

I quattro levarono gli occhi al cielo giusto in tempo per

vedere la slitta di Babbo Natale trainata da otto renne volanti atterrare sulla spiaggia.

«Regalectus!» esclamò Martino, quando vide il folletto alla guida della slitta. «Che bello rivederti!»

«Oh, il piacere è tutto mio, amici!» Poi si rivolse a Babbo Natale: «Ma dov'eri finito, capo?».

«Oh, è una lunga storia, mio caro Regalectus, ma ora non c'è tempo da perdere. Tutti a bordo! Abbiamo un supercattivone da acciuffare!»

Si strinsero tutti e sei sulla slitta volante e partirono all'istante seguendo la scia di schiuma lasciata dallo squaloscafo del generale. Dopo pochi secondi lo videro all'orizzonte mentre stava per raggiungere un isolotto: era poco più che uno sperone di roccia, con sopra un edificio che aveva tutta l'aria di una base militare, fortificata e ben difesa.

«Dev'essere il suo nascondiglio segreto!» esclamò Martino.

«Come entriamo là dentro? Quel posto sembra una fortezza inespugnabile!» domandò Sveva.

Nel frattempo il generale aveva raggiunto la sala comandi della base. Ma non si trattava di una base qualunque... Ricordate quando vi ho detto che non ero autorizzato a dirvi di più sul misterioso disco volante alieno che il C.I.R.C.O. aveva nascosto in un luogo supersegreto? Be', quel luogo supersegreto... era questo! Il piano del generale era davvero diabolico:

voleva usare la tecnologia aliena per distruggere le tabelline per sempre. Solo che non ci era ancora riuscito! Il cannone laser fotonico disintegratore del disco volante non sembrava volerne sapere di funzionare e allora aveva architettato quella specie di caccia al tesoro per guadagnare un po' di tempo. Si era inventato il nome Secteper Octopus, aveva nascosto le tabelline nei luoghi più sperduti del mondo, aveva rapito Babbo Natale e l'aveva costretto a mandare la lettera a tutti i capi del mondo, mentre lui, al riparo dalle attenzioni, nella sua base segreta, cercava di azionare quel maledetto cannone.

«Qual è il problema, stupido cannone laser alieno?!» si stava domandando per la millesima volta, mentre puntava l'arma contro la boccetta di vetro che conteneva la tabellina del 10. Se avesse distrutto quella, tutte le altre sarebbero comunque scomparse per sempre, ma quell'inutile cannone laser continuava a trasmettere sullo schermo verde brillante del computer alieno lo stesso messaggio:

ERRORE NEL DATABASE → TABELLINE ASSENTI → CALCOLO POTENZA DEL CANNONE IMPOSSIBILE → INSERIRE MANUALMENTE VALORE POTENZA DESIDERATA

Il generale era furioso. Poi, all'improvviso suonò un allarme e sui monitor della sala comandi apparve la slitta di Babbo Natale.

Una voce robotica continuava a ripetere: «Allarme intrusi! Oggetto volante non identificato in rapido avvicinamento da sud-est!».

«Maledetti ficcanaso! Mi hanno raggiunto anche qui! Ma adesso li sistemo io!» sbraitò il generale minaccioso, e premette un pulsante giallo sulla plancia di comando.

Le renne stavano volando a tutta birra verso la base del generale, quando Martino esclamò: «Ehi, ma quello sembra un... un... un cannone!». E indicò il cannone laser fotonico disintegratore alieno che era appena uscito dal tetto dell'edificio e puntava dritto verso di loro.

Intanto il generale continuava a cercare il modo di azionare l'arma: «Allora, quegli impiccioni ficcanaso sono in 6... Quindi, visto che nel manuale di istruzioni del cannone si dice che per disintegrare una persona servono 3 gigatoni di potenza, devo fare 3×6... Che fa...? Che fa...? QUANTO DIAVOLO FA 3×6?! MALEDETTE TABELLINE!!! VI ODIO,

VI ODIO, VI ODIO!!!». Fuori di sé dalla rabbia, il generale gridò: «$3 \times 6 = 721$!!!», e azionò la leva del cannone disintegratore fino a 721 gigatoni.

Il cannone iniziò a vibrare, mentre l'energia si accumulava nel generatore. La mano del generale stringeva saldamente la leva della potenza, ma gocce di sudore freddo cominciavano a scendergli sulla fronte.

«Forse ho esagerato...» sussurrò, ma non riuscì a finire la frase perché il generatore andò in tilt ed esplose facendo saltare in aria il cannone e mezzo edificio.

Su, in alto nel cielo, Martino, Sveva e gli altri assistettero increduli allo spettacolo, mentre le renne schivavano i pezzi di cannone laser che sibilavano nell'aria.

«Ehi, ma quella è la boccetta dell'ultima tabellina! Vedo al suo interno il **NUMERO 10** bianco...» disse Galateo, indicando qualcosa che stava per colpirli.

«Ci penso io!» fece Sveva, e con un salto volante con triplo avvitamento afferrò la boccetta.

«Mitica!» gridò Martino.

Babbo Natale tirò le redini e la slitta, con una virata, scese verso l'isolotto. In mezzo alle macerie prodotte dall'esplosione videro il generale, disperato e completamente ricoperto di fuliggine e di cenere. Le medaglie sul petto si erano fuse in un unico blocco di metallo e avevano composto la scritta IO AMO LE TABELLINE.

«Miei cari ragazzi, permettete che sia io a liberare l'ultima tabellina?» chiese Pantoffolo. Con il consenso di tutti, il professore aprì la boccetta lasciando fuoriuscire un vapore bianco e denso. E poi aggiunse: «Sveva, vuoi provare tu?».

«Va bene, professore.

$10 \times 1 = 10$

$10 \times 2 = 20$

$10 \times 3 = 30$

$10 \times 4 = 40$

$10 \times 5 = 50$

$10 \times 6 = 60$

$10 \times 7 = 70$

$10 \times 8 = 80$

$10 \times 9 = 90$

$10 \times 10 = 100$! Ce l'ho fatta!» Sveva era emozionata. Grazie a questa avventura aveva imparato ad amare le tabelline. Incredibile!

«La **TABELLINA DEL 10** non ha bisogno di presentazioni» spiegò il professore. «È semplice come la tabellina dell'1. Basta aggiungere uno 0 dopo i numeri da 1 a 10, in sequenza. È sempre stata la preferita di tutti i miei studenti…»

Martino strinse la mano di Sveva e i due si guardarono felici.

«Hai presente il colore del mare di Marina di Bibbona…?» le chiese lui, arrossendo un po'.

LE TABELLINE SONO TORNATE

Martino, Sveva e Galateo erano in piedi nella sala riunioni del C.I.R.C.O. mentre il nuovo direttore li stava ringraziando ufficialmente per la missione portata a termine. Se le tabelline erano salve e gli studenti di tutto il mondo potevano ancora impararle e ricordarle era solo per merito loro.

Alla cerimonia erano presenti re, regine, capi di Stato, baroni, arciduchi e tutti gli amici che i nostri eroi avevano incontrato durante la loro strabiliante avventura.

In prima fila c'erano Babbo Natale e Regalectus, che si era quasi commosso e si stava soffiando il naso con un fazzoletto bianco e rosso. Gennaro il giaguaro stava facendo cenno a Maizzitt di fare silenzio, mentre Tony il tonno sguazzava in una vasca di vetro piena d'acqua fino all'orlo e stava sussurrando una barzelletta da pesci alla mummia della piramide di Tuttinkamion. Nevizkio era affascinato dalla chitarra di Domisol e cercava di sfiorare le corde metalliche con un grosso dito peloso. Seduta su una sedia in velluto rosso, con un nodo alla gola per l'emozione, la principessa Iolanda d'Olanda guardava Galateo con orgoglio, mentre teneva sul collo Lavinia, la lucertola dei vulcani che commentava in spagnolucertolese. Insomma, c'erano proprio tutti. Anzi, no...

Dov'era il professore?

In quel preciso momento il professor Rebus Pantoffolo stava servendo una tazza di tisana al cardamomo al generale mentre, accomodati nel salotto di casa sua, gli stava insegnando le tabelline. E la cosa più incredibile era che il generale le stava imparando! Anzi, il generale era così contento dei progressi che stava facendo, che per la settimana seguente aveva organizzato un torneo di tabelline con gli amici pensionati del professore. In palio, ovviamente, c'era una splendida medaglia d'oro. E questa volta era sicuro che l'avrebbe vinta. Così, il professor Pantoffolo avrebbe potuto dire di aver insegnato le tabelline a tremilatrecentosettantasei bambini e... un generale. Anzi, contando anche te, che stai leggendo questo libro, a tremilatrecentosettantasette bambini e un generale!

Il professore si alzò dalla poltrona per portare in cucina le tazze vuote e il generale non poté fare a meno di notare le eccentriche ciabatte in pelle di coccodrillo.

«Le piacciono, generale?» gli chiese il professore. «Le ho

prese in un carinissimo negozietto di souvenir al centro della palude della strega Gertrude. Vende cinture, borselli e calzature in finta pelle a prezzi stracciati. Ogni martedì c'è un'offerta 3×2.»

«6!» esclamò il generale, ed entrambi scoppiarono in una gioiosa risata.

LORENZO BAGLIONI

Lorenzo Baglioni è nato a Grosseto nel 1986. Ha studiato Matematica fino al conseguimento della laurea magistrale con una tesi sullo studio delle equazioni stocastiche (che sembra una parolaccia, ma non lo è). Suona la chitarra e ha partecipato al Festival di Sanremo con la canzone "Il congiuntivo". È conduttore del game show televisivo "L'isola degli eroi", trasmesso su Boing. Ha un fratello che si chiama Michele, con il quale scrive tutto quello che fa. Per Mondadori ha scritto *Matematica da paura* e *Mostri in geometria*.

2 X 1
2 X 2
2 X 3
2 X 4
2 X 5
2 X 6
2 X 7
2 X 8
2 X 9
2 X 10

3 X 1
3 X 2
3 X 3
3 X 4
3 X 5
3 X 6
3 X 7
3 X 8
3 X 9
3 X 10

4 X 2
4 X 3
4 X 4
4 X 5
4 X 6
4 X 7
4 X 8
4 X 9
4 X 10

5 X 3
5 X 4
5 X 5
5 X 6
5 X 7
5 X 8
5 X 9
5 X 10

6 X 1
6 X 2
6 X 3
6 X 4
6 X 5
6 X 6

7 X 0
7 X 1
7 X 2
7 X 3
7 X 4
7 X 5
7 X 6
7 X 7

8 X 0
8 X 1
8 X 2
8 X 3
8 X 4
8 X 5
8 X 6
8 X 7
8 X 8

9 X 0
9 X 1
9 X 2
9 X 3
9 X 4
9 X 5
9 X 6
9 X 7
9 X 8
9 X 9